中国少儿百科

看不见的磁力

尹传红 主编 苟利军 罗晓波 副主编

U0254931

核心素养提升丛书

四川科学技术出版社

一 慈母般的磁石和人

1 马隆是中国古代西晋时期的一位将军。

3 众人恍然大悟，原来这种奇特的石块可以吸引铁器，这就是天然磁石。

2 有一次，敌军来袭。马隆毫不慌张，派人在一条小道上丢了很多奇怪的石块。

不一会儿，敌人杀了过来。当身着铁甲的敌军刚踏上小道，突然变得步履蹒跚，而马隆等人穿着犀牛皮战甲，却毫无影响。结果，马隆的军队大获全胜。

4 大约在 5 000 年前，人们就已经发现了天然磁石。由于它们能够吸引铁等金属，就像慈爱的母亲吸引自己的孩子一样，因此，人们就把磁石称为"慈石"。

5 到了宋朝时期，还有人尝试用磁石治疗耳聋等疾病。

6 据说西汉时有一个叫栾大的人，曾经用磁石制成棋子，并献给了汉武帝。汉武帝非常开心，以为这种磁石棋是极其珍贵的仙物，于是重重封赏了他。

磁石本身具有指向性，即具有指示方向的功能。

战国时期，人们把雕成勺子形状的磁石放在刻有不同方位的盘子上，用来辨别方向。

中国古代还有一种"指南龟"，其实就是一只嵌入了天然磁石的木龟。

这就是最早的指南用具——司南。

人们把指南龟放置在立柱上。使其旋转起来，等指南龟停下来时，头部和尾部会分别指向南方和北方。

另外，用天然磁石摩擦铁针，也能使它获得磁性。

北宋时期，人们还制造了人工磁铁。工匠们把烧红的铁针一头向北、一头向南放置，铁针迅速冷却下来后，就获得了磁性，成为人工磁铁。

这种人工磁铁的出现，促使古人又发明了一种更先进的指南用具——罗盘。

罗盘能为船只指引航向，使中国古代的航海业得到飞速发展。后来，罗盘还传入了西方。

能吸引铁、钴、镍等物质的性质称为磁性，有磁性的物体叫磁体，如磁铁。

硬磁体能长久地保存磁性，也叫永磁体。软磁体的磁性容易消失。

磁体分为硬磁体和软磁体两种，天然磁石和人工磁铁都属于硬磁体，铁硅合金等属于软磁体。

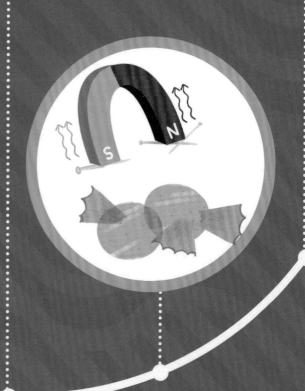

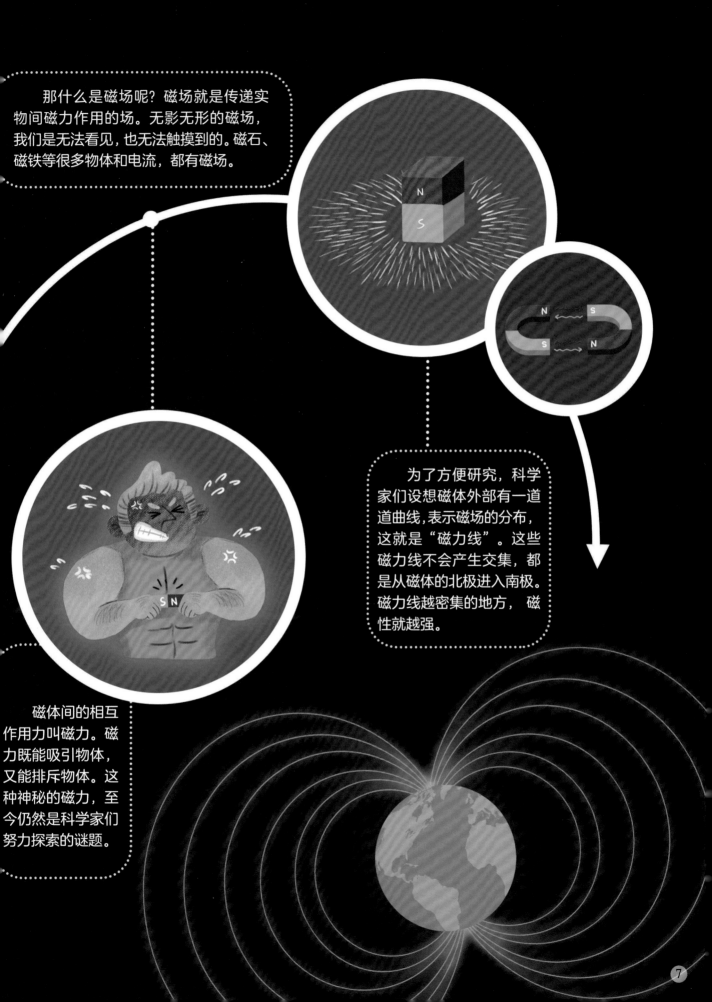

那什么是磁场呢？磁场就是传递实物间磁力作用的场。无影无形的磁场，我们是无法看见，也无法触摸到的。磁石、磁铁等很多物体和电流，都有磁场。

为了方便研究，科学家们设想磁体外部有一道道曲线，表示磁场的分布，这就是"磁力线"。这些磁力线不会产生交集，都是从磁体的北极进入南极。磁力线越密集的地方，磁性就越强。

磁体间的相互作用力叫磁力。磁力既能吸引物体，又能排斥物体。这种神秘的磁力，至今仍然是科学家们努力探索的谜题。

一切磁体都有南、北两个磁极，异性磁极能互相吸引，而同性磁极却是互相排斥的。

磁体的两极都具有指向性。我们可以做个小实验，把一个条形磁铁横着悬挂起来，再使它慢慢旋转。当磁铁停下来后，它的南极一定会指向南，而北极一定会指向北。

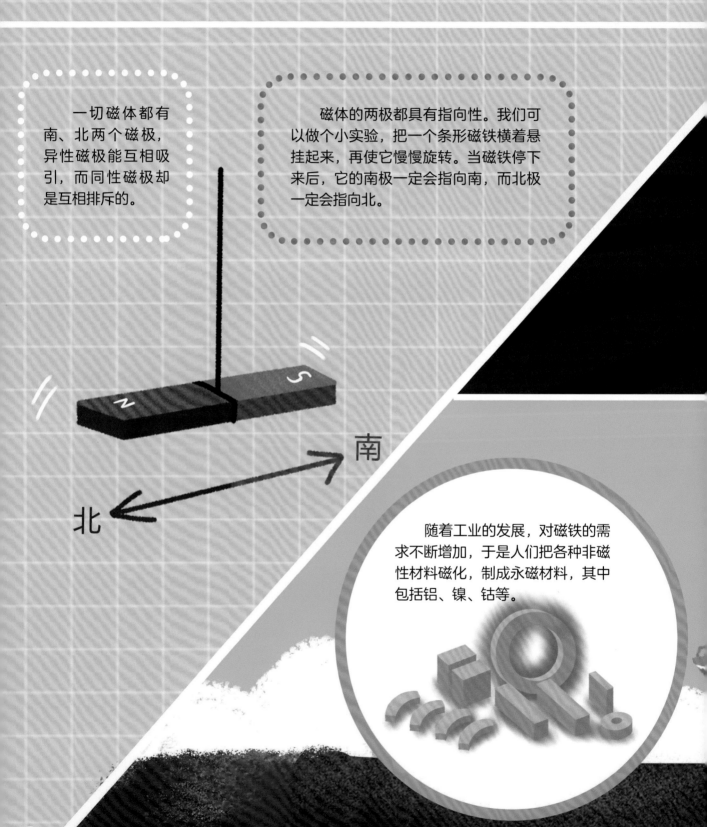

南

北

随着工业的发展，对磁铁的需求不断增加，于是人们把各种非磁性材料磁化，制成永磁材料，其中包括铝、镍、钴等。

使一些本来没有磁性的物体获得磁性，叫"磁化"。这些被磁化的物体，温度升高或者受到外力冲击时，磁性就会弱化甚至消失，这就是"消磁"。宝石作为一种矿物，是否具有磁性，可用磁铁进行测试。

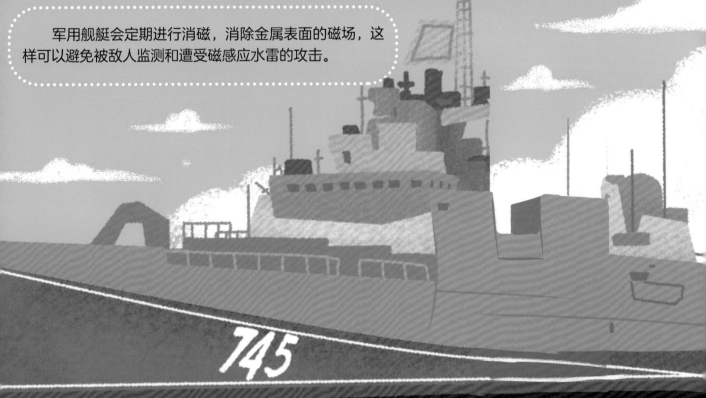

军用舰艇会定期进行消磁，消除金属表面的磁场，这样可以避免被敌人监测和遭受磁感应水雷的攻击。

在浩瀚无边的大西洋中，有一片令人闻风丧胆的海域——百慕大三角。船只和飞机经常在这里发生事故。

科学家们认为：这片海域极有可能隐藏着一个非常强大的磁场带，使船只和飞机的仪表盘失灵，导致失事。

黑竹沟位于四川省境内，这里的岩石内部蕴含着数量巨大的铁、锰、硅、镁等元素，于是形成了磁场带。来到这里，人们携带的指南针就会出现偏差。

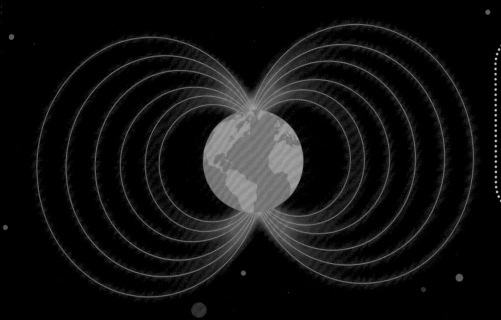

众所周知，地球是一个巨大的星球。但你们知道吗？地球也是一个超巨型磁体。宇宙中的火星、木星、太阳等，也都是磁体。

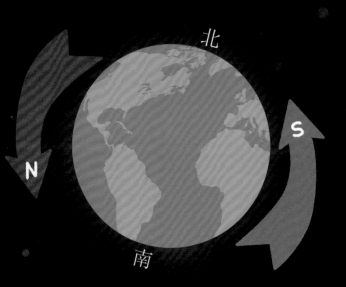

作为磁体，地球也有磁场。地球磁场的北极在地球南极的附近，而地球磁场的南极则在地球北极的附近。

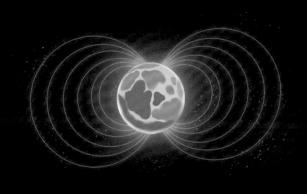

星球自然也有磁力。科学家们发现磁力最强的星球是中子星，它的磁力是太阳的上百万倍。

太阳活动剧烈时，无数带电粒子会侵入地球空间，形成非常强大的电流，猛烈地冲击地球磁场，这种现象叫"磁暴"。

磁暴会使地球两极的极光更加绚烂，但通信信号会受到干扰，甚至中断。

幸好，地球磁场犹如一面坚固的护盾，能抵挡磁暴对地球的袭击。它还能阻挡来自太空的各种有害射线，使它们无法进入地球大气层。

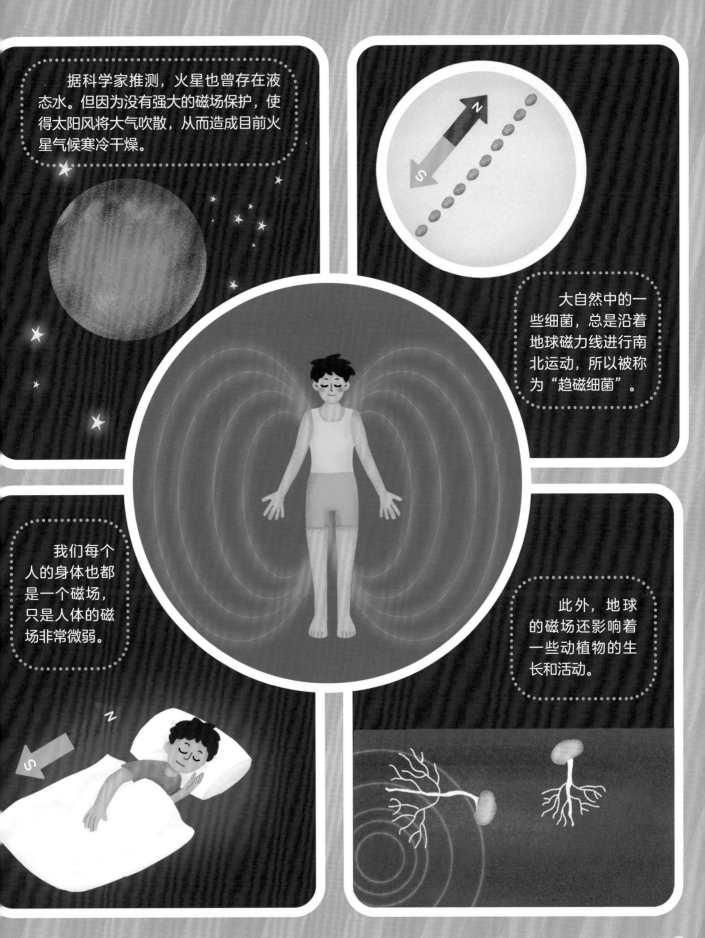

据科学家推测，火星也曾存在液态水。但因为没有强大的磁场保护，使得太阳风将大气吹散，从而造成目前火星气候寒冷干燥。

大自然中的一些细菌，总是沿着地球磁力线进行南北运动，所以被称为"趋磁细菌"。

我们每个人的身体也都是一个磁场，只是人体的磁场非常微弱。

此外，地球的磁场还影响着一些动植物的生长和活动。

利用磁场能够产生电流，这就叫"电磁感应"，俗称"磁生电"。电磁感应产生的电流就是感应电流。

我们再来做一个小实验。首先，我们在一个空心的纸筒上缠上一圈导线，再把导线连接到电流计上。

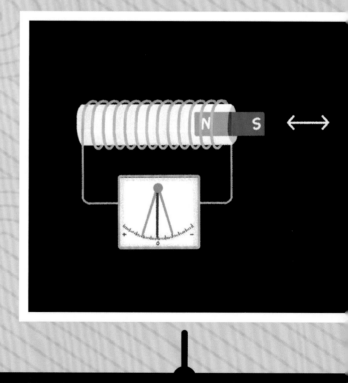

我们再取来一块磁铁，将它在纸筒里来回抽动。这样，我们就会看到，电流计的指针发生了偏转。

这是什么原因呢？原来，磁场已经产生了电流。

丹麦物理学家奥斯特和英国物理学家安培都深入研究过电磁现象，而且成就斐然。

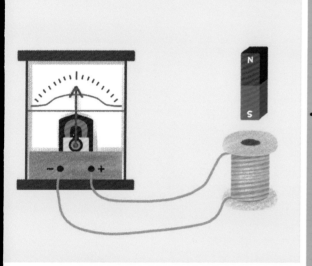

1831 年，英国物理学家法拉第发现：磁铁通过闭合电路的时候，就会产生感应电流——这就是"电磁感应定律"。

这一发现，促使全世界第一台手摇型实用发电机在第二年诞生了。

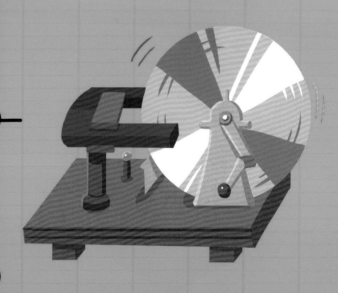

这种电动机上安装着手柄，只要转动手柄，就能使两组导线线圈附近的磁体旋转起来，产生电流。

电磁波是一种能量，所有的物体，只要温度超过 −273.15 摄氏度，就会产生电磁波。物体的温度越高，它发出的电磁波的波长就越短。

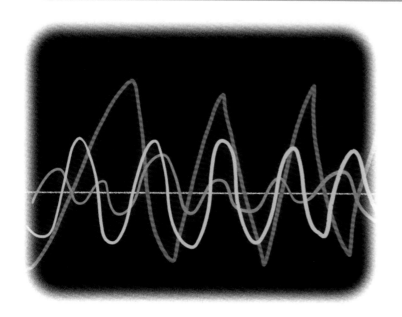

1864 年，英国物理学家麦克斯韦就已经断定：自然界中存在着电磁波。后来，德国物理学家赫兹通过实验，终于证实了电磁波的存在。

电磁波的种类很多，其中有可见光、无线电波、红外线、紫外线、微波、X 射线、伽马射线等。

可见光

无线电波

紫外线

红外线

X 射线

微波

伽马射线

可见光包括红色、橙色、黄色、绿色、青色、蓝色及紫色七种颜色。

橙色

红色

黄色

绿色

青色

蓝色

紫色

红、橙、黄三种可见光的波长比较长，而青、蓝、紫等可见光的波长比较短。阳光里的红、橙、黄等可见光直射到地面上，而青、蓝、紫等可见光在空中散射向四面，因此我们看到的天空是蓝色的。

雨后，阳光照射在空气里的小水珠上时，会发生折射和反射，于是阳光就分解成红、橙、黄、绿等七种颜色，形成美丽的彩虹。

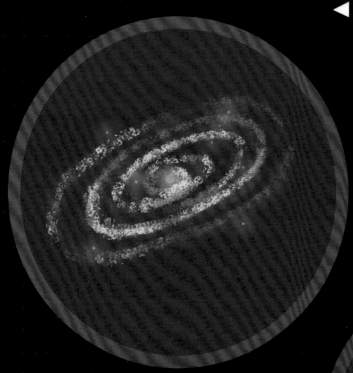

宇宙中到处充斥着无线电波，天文学家曾经发现过30亿光年之外的无线电波。

人们掌握了无线电波的传输技术后，就利用无线电信号进行通信、上网和导航等，给我们的生活和工作带来极大的便利。

美国的"旅行者1号"，是飞行时间最长、距离我们最遥远的空间探测器。在漫长的航程中，它和地球的联系，依靠的就是无线电波。

紫外线存在于阳光中，能杀菌消毒，还能帮助人体合成维生素 D。适度地晒太阳，有益于身体健康。

太阳的热量能传到地球，主要是依靠红外线。这种电磁波的穿透能力很强，还能使物体升温。

大家使用过微波炉吗？它能发射微波。微波是可以进行直线传播的电磁波，它能穿透物体，也能被物体反射和吸收。微波炉里的食品，吸收了微波的能量后，就会被加热，便于食用。

X 射线也具有极强的穿透力，能穿过墙壁、木材等很多不透明的物体。

宇宙中也存在伽马射线。科学家们在 2011 年制造出的一束伽马射线，比太阳光还亮 1 万亿倍。

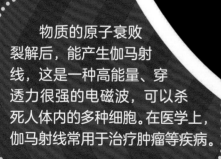

物质的原子衰败裂解后，能产生伽马射线，这是一种高能量、穿透力很强的电磁波，可以杀死人体内的多种细胞。在医学上，伽马射线常用于治疗肿瘤等疾病。

四 电磁的妙用和电磁辐射

在人们的生活、工作中，电磁的作用非常广泛，电磁产品随处可见。

有一种电磁扬声器，当电流通过它里面的线圈时，就产生了电磁波。这些电磁波和扬声器底部的磁铁发生作用而振荡，于是就发出了声音。

电磁门锁是带有磁力的锁。当电流通过锁里的硅钢片时，电磁门锁就会产生强大的吸力，牢牢吸住铁板，这样就把门锁上了。

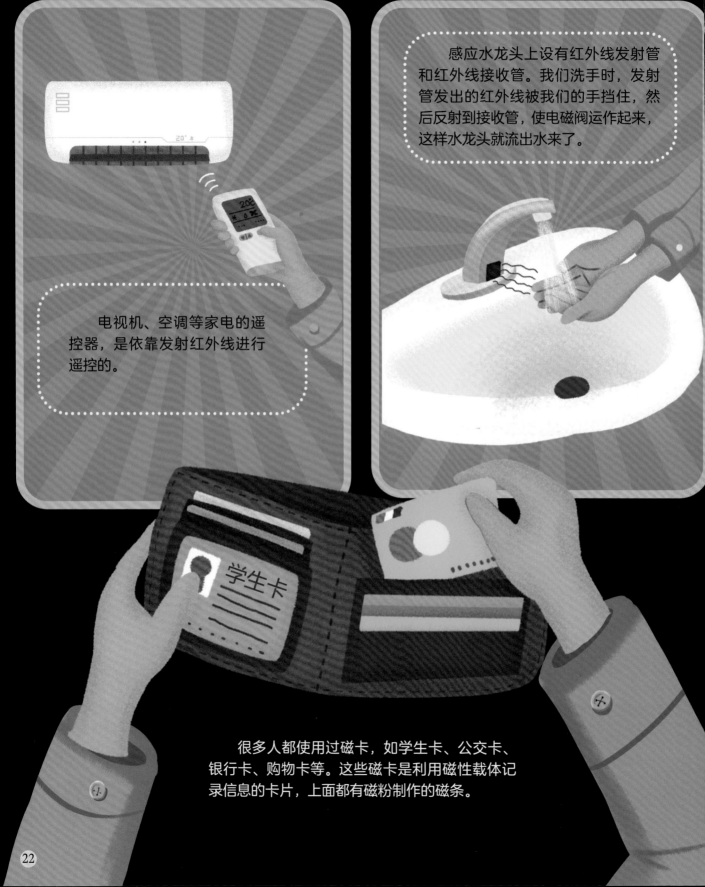

感应水龙头上设有红外线发射管和红外线接收管。我们洗手时，发射管发出的红外线被我们的手挡住，然后反射到接收管，使电磁阀运作起来，这样水龙头就流出水来了。

电视机、空调等家电的遥控器，是依靠发射红外线进行遥控的。

很多人都使用过磁卡，如学生卡、公交卡、银行卡、购物卡等。这些磁卡是利用磁性载体记录信息的卡片，上面都有磁粉制作的磁条。

如果有条件，我们可以使用磁化净水器。它不但能杀死水中的细菌，消除水锈，还能防止水管产生水垢。

在建筑领域，磁化水能增强混凝土的强度。用磁化水灌溉农作物，还能提高作物产量。

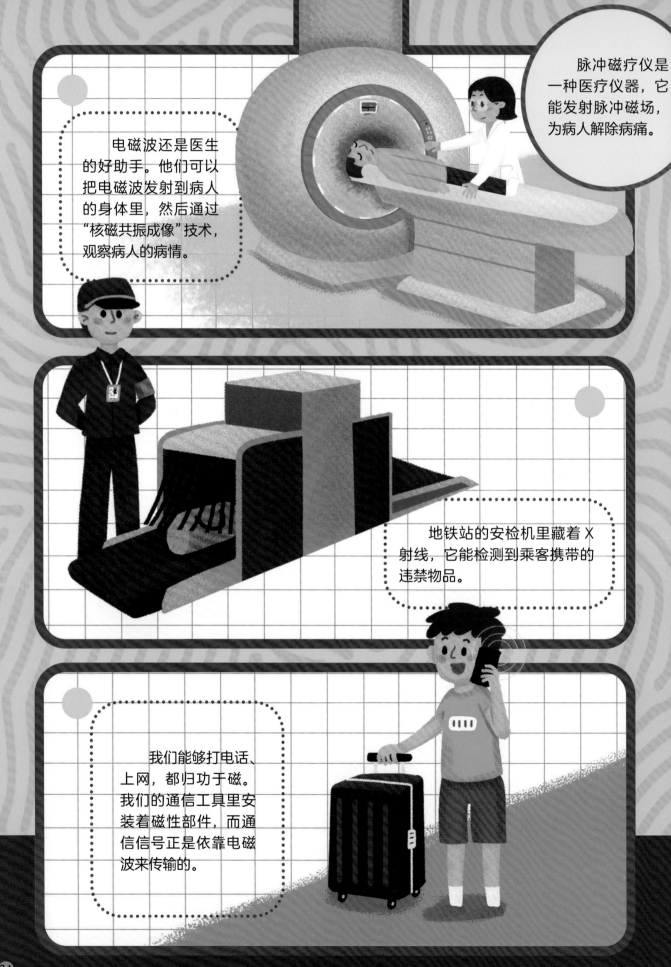

脉冲磁疗仪是一种医疗仪器，它能发射脉冲磁场，为病人解除病痛。

电磁波还是医生的好助手。他们可以把电磁波发射到病人的身体里，然后通过"核磁共振成像"技术，观察病人的病情。

地铁站的安检机里藏着X射线，它能检测到乘客携带的违禁物品。

我们能够打电话、上网，都归功于磁。我们的通信工具里安装着磁性部件，而通信信号正是依靠电磁波来传输的。

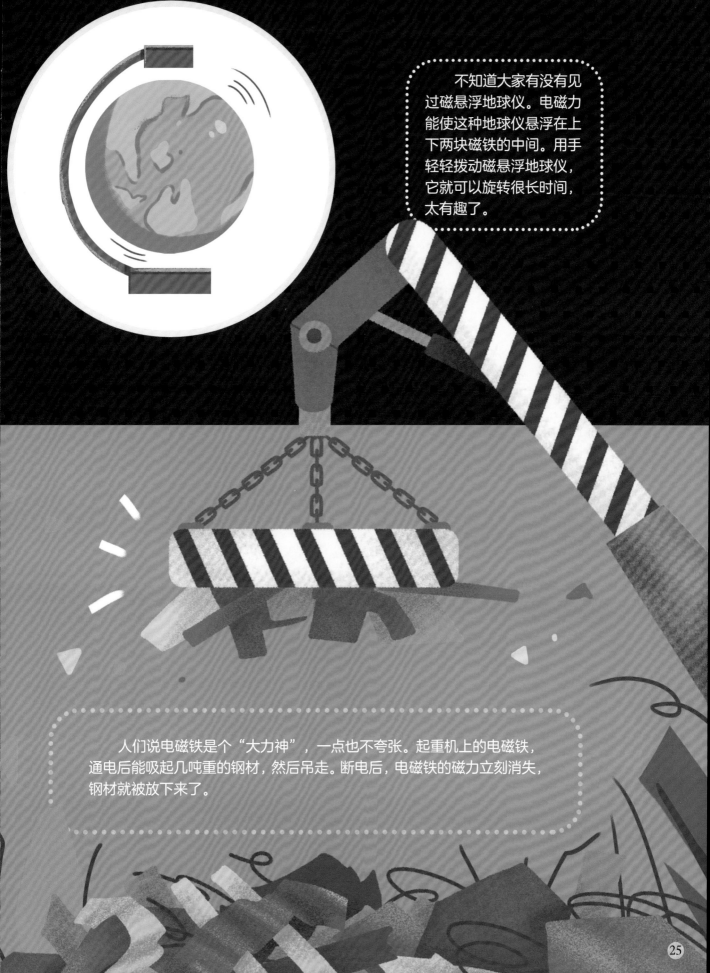

不知道大家有没有见过磁悬浮地球仪。电磁力能使这种地球仪悬浮在上下两块磁铁的中间。用手轻轻拨动磁悬浮地球仪，它就可以旋转很长时间，太有趣了。

人们说电磁铁是个"大力神"，一点也不夸张。起重机上的电磁铁，通电后能吸起几吨重的钢材，然后吊走。断电后，电磁铁的磁力立刻消失，钢材就被放下来了。

超级神奇的电磁力，居然能使整辆列车悬浮在轨道上，并使它高速行驶——这就是磁悬浮列车。

电磁力还被应用到先进武器的研发中。电磁炮大大提高了炮弹的飞行速度，使其更具威力。

和磁悬浮列车相比，磁悬浮地球仪就太简单了。

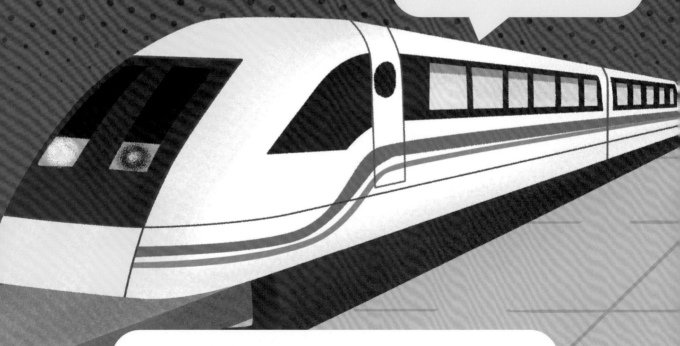

中国自主研制的磁悬浮列车在 2003 年已经开始运行。

遗憾的是，电磁产品会产生对人体有害的电磁辐射。

手机、电脑会发射对人体有害的电磁波。因此，我们携带手机的时间不要太长，最好不要让手机贴近胸部、腹部和腰部。睡觉时，我们要关闭或者远离手机。

有些不法分子，还会利用我们打电话时产生的电磁辐射，进行窃听。

使用电脑时，我们的眼睛要距离屏幕 40~50 厘米。使用电脑一段时间后，要休息一下。

除了手机和电脑，我们家里的电视机、空调、电冰箱、洗衣机等电器，同样会产生电磁辐射。

虽然这些家电的辐射对人体伤害非常小，但我们也不能完全忽视。在长时间不使用的时候，要切断家电的电源。

放射科

当心电离辐射

工作中

放射区域，
谨慎前行

医院里不能缺少医疗仪器。可是，不管是医生还是病人，如果过多地接触这些仪器，可能会受到比较大的辐射伤害。

阳光中的紫外线对人体有益。但是，在炎热的夏天，紫外线也会把人晒伤。因此，我们在烈日下活动时，要记得用遮阳伞遮挡阳光，或者在皮肤上涂上防晒霜。

广播、电视发射台和中转台能使我们接收到广播电视节目。可是我们要知道，这些设施也能产生电磁辐射。因此，它们一般都建在比较高的地方，避免对附近的居民造成不良影响。

　　户外的高压电线能传输非常强大的电流，特别危险。同时，这些高压电线也会产生电磁辐射。因此，我们一定要尽量远离高压电线，绝对不能在高压电线附近放风筝、玩耍等。

一些工业机械设备，不仅会产生热辐射，还产生电磁辐射。长时间接触这样的有害辐射，会使人体温升高，人体组织、器官等也会遭受一定的损害。

工人们在制造机械时，也必须做好防护工作。另外，他们还要多喝水，多补充能增强防疫力的食物。

不少同学都乘坐过电动汽车、地铁、动车、有轨电车和无轨电车，它们都是依靠电力驱动的交通工具，所以也会产生电磁辐射。

好在各类交通工具产生的电磁辐射对人体影响极小。不过，它会干扰各种电子设备，使它们的性能降低。

1.制作磁泥

把氧化铁粉末倒在橡皮泥上，再轻轻揉搓橡皮泥，几分钟后，它就成了黑色的磁泥。

然后，把一块磁铁放在磁泥上。不一会儿磁泥就把整块磁铁包了起来。

3.制作"水上指南针"

把一根大头针在磁铁上往一个方向摩擦，使它磁化。然后，把这根磁化的大头针放在一块软木塞上，再把软木塞放在一碗水上面。这样我们就拥有了一根自制的"水上指南针"。

2. 制作电磁铁

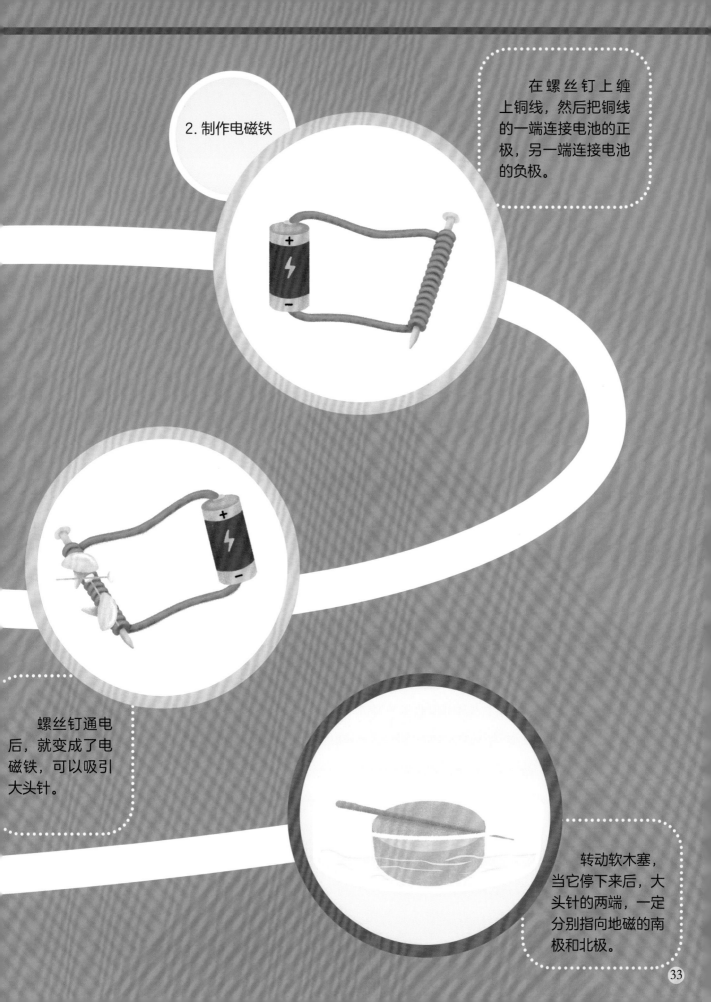

在螺丝钉上缠上铜线，然后把铜线的一端连接电池的正极，另一端连接电池的负极。

螺丝钉通电后，就变成了电磁铁，可以吸引大头针。

转动软木塞，当它停下来后，大头针的两端，一定分别指向地磁的南极和北极。

把铜线缠绕在电池上，做成一个线圈，再把电池取出来。

将三块圆饼形磁铁放在电池的一端，再把三块同样的磁铁放在电池的另一端，制成一辆"迷你小火车"。

把小火车放进线圈里。大家睁大眼睛看吧，"迷你小火车"竟然跑起来了，太奇妙，太好玩了！

6. 制作小电动机

把一根木棍从环形磁铁中间穿过，做成一个小陀螺。

再取来一块更大的环形磁铁，记得要让它和小陀螺的磁极相同。然后，我们把三个瓶盖放在这块磁铁上，再在瓶盖上放上塑料板。

在塑料板上旋转小陀螺，再把塑料板慢慢抬高，轻轻移开，你们就会惊奇地看到，小陀螺竟然悬浮在空中，还不停地旋转着！

把磁铁放在电池的负极，然后取来铜线，让铜线的一端连接电池的正极，另一端连接磁铁。铜线竟然飞快地转动起来了！

图书在版编目 (CIP) 数据

看不见的磁力 / 尹传红主编；苟利军，罗晓波副主编 . -- 成都 : 四川科学技术出版社 , 2024.8. -- (中国少儿百科核心素养提升丛书). -- ISBN 978-7-5727 -1483-2

Ⅰ . O441.2-49

中国国家版本馆 CIP 数据核字第 202467D2N3 号

中国少儿百科　核心素养提升丛书
ZHONGGUO SHAOER BAIKE HEXIN SUYANG TISHENG CONGSHU

看不见的磁力
KANBUJIAN DE CILI

主　　编　尹传红

副 主 编　苟利军　罗晓波

出 品 人　程佳月

责任编辑　周美池

选题策划　鄢孟君

封面设计　韩少洁

责任出版　欧晓春

出版发行　四川科学技术出版社
　　　　　成都市锦江区三色路 238 号　邮政编码 610023
　　　　　官方微博 http://weibo.com/sckjcbs
　　　　　官方微信公众号　sckjcbs
　　　　　传真 028-86361756

成品尺寸　205mm×265mm

印　　张　2.25

字　　数　45 千

印　　刷　成业恒信印刷河北有限公司

版　　次　2024 年 8 月第 1 版

印　　次　2024 年 9 月第 1 次印刷

定　　价　39.80 元

ISBN　978-7-5727-1483-2

邮　　购：成都市锦江区三色路 238 号新华之星 A 座 25 层　邮政编码：610023
电　　话：028-86361770